ENQUÊTE AGRICOLE

LE CRÉDIT

PAR

M. CHARLES BARADAT
ADMINISTRATEUR DE LA SOCIÉTÉ LE CRÉDIT RURAL

PARIS
LIBRAIRIE GUILLAUMIN ET Cie
14, RUE RICHELIEU, 14

M. DCCC LXVI

L'ENQUÊTE AGRICOLE

ET

LE CRÉDIT

PAR

M. CHARLES BARADAT

ADMINISTRATEUR DE LA SOCIÉTÉ LE CRÉDIT RURAL

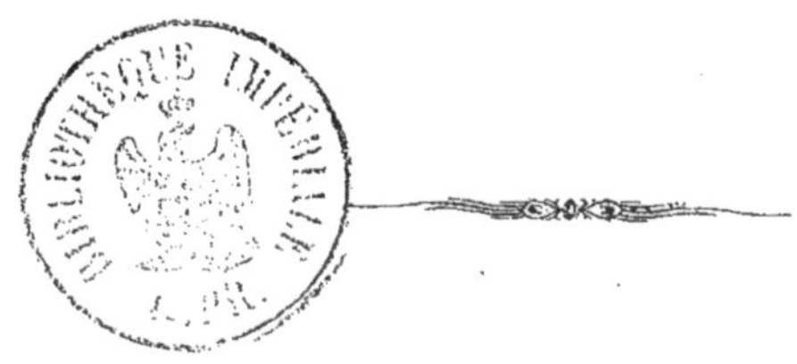

PARIS

LIBRAIRIE GUILLAUMIN ET Cie

14, RUE RICHELIEU, 14

1866

L'ENQUÊTE AGRICOLE

ET

LE CRÉDIT RURAL.

CHAPITRE PREMIER.

De la nécessité du Crédit.

I

L'institution du Crédit rural répond à un besoin impérieux, immense ; sa création aura une influence marquée sur la fortune privée comme sur la fortune publique de la France.

II

L'agriculture est incontestablement la base la plus solide de la richesse d'une nation, c'est le plus riche élément de tout commerce, de toute industrie : comme elle en fournit la matière première et essentielle, l'agriculture devrait donc être aussi la première et la plus prospère de toutes les industries. Tout élan devrait venir d'elle, toute autre prospérité devrait, pour être durable, se mesurer sur sa prospérité, et cependant elle occupe en France le dernier degré dans l'échelle des progrès.

Pour dépeindre les conséquences désastreuses qu'une situation si peu logique pourrait entraîner dans l'économie sociale, il faudrait des développements plus étendus que ne le comporte le cadre que nous nous sommes tracé ; nous devons cependant le dire, la France n'aura acquis toute sa richesse que le jour où, trouvant régulièrement et en surabondance dans la fertilité de son propre sol les ressources nécessaires pour subvenir aux besoins matériels de son peuple, elle n'aura à demander à ses voisins que des superfluités ou de l'or en échange des produits de son industrie. Une culture intelligente peut seule amener ce résultat.

III

Le génie de l'Empereur a si bien compris cette vérité que tous les discours de la Couronne témoignent à l'agriculture de la sympathie du souverain pour cette branche la plus précieuse de la fortune publique.

En effet, ne devons-nous pas à l'initiative impériale l'organisation des Comices qui dispensent au pays l'enseignement théorique de l'agriculture, les Concours régionaux qui exposent à ses yeux les machines inventées par la science pour diminuer la fatigue de l'homme et augmenter dans d'énormes proportions la somme du travail exécuté ; les Fermes-modèles, encore trop rares, qui en montrent l'application et enseignent la pratique d'une culture sage, intelligente et progressive ; les récompenses nationales enfin qui viennent stimuler les bons cultivateurs ?

Le Gouvernement ne s'efforce-t-il pas de multiplier les routes, les canaux, les chemins de fer, dans le but de faciliter l'accès des champs et l'écoulement des produits agricoles ?

IV

Et cependant, un cri unanime s'élève de toute part : « L'agriculture dépérit, les campagnes sont désertées; » et ce cri n'est malheureusement que l'expression douloureuse d'une trop exacte vérité, car cette désertion des champs est la conséquence fatale de la situation déplorable de l'agriculture.

C'est qu'à toutes les utiles institutions que nous venons d'énumérer, à tous ces grands rouages de la prospérité agricole, il manque un élément ; un autre rouage essentiel fait défaut à ce mécanisme intelligent que l'Empereur avait rêvé complet. Ce rouage, c'est le crédit, le crédit qu'on avait cependant cru fondé, et sans lequel la prospérité n'est qu'illusion.

A quoi servent, en effet, les leçons que prodiguent les Comices, les exemples que donnent les Fermes-modèles, si les élèves n'ont pas les ressources indispensables pour mettre en pratique les théories qu'on leur a enseignées, pour suivre les exemples qu'on leur a donnés ? De quelle utilité sont les précieuses machines dont le travail décuplerait ses ressources, si le propriétaire n'a pas l'avance qui lui serait nécessaire pour en faire l'acquisition ? Les routes, les chemins de fer, dont l'utilité serait si grande en cas d'abondance, ne servent aujourd'hui qu'à faciliter l'accès de la ville, théâtre où s'offre à l'agriculteur le spectacle magnifique et séduisant pour lui du travailleur industriel qui, dans une vie plus facile, trouve un salaire plus considérable et aperçoit un avenir plus prospère. Doit-on s'étonner de voir abandonner les campagnes, de voir tout ce que les champs renferment d'énergie et d'intelligence quitter la charrue pour aller fructueusement utiliser ses forces dans le commerce et l'industrie des villes? L'agriculteur n'est-il pas logique lorsqu'il choisit pour ses fils l'état de commis, de charpentier ou de maçon, pour leur en faciliter l'accès?

V

Ce qu'il faut pour replacer l'agriculture au rang qu'elle doit occuper, c'est du crédit. Qu'il lui soit possible de se procurer de l'argent, cette suprême puissance de production; que l'agriculteur, frappé d'une mauvaise récolte, privé par une grêle, une inondation, une épidémie, des ressources qu'il attendait, puisse compter sur un capital auxiliaire pour préparer une moisson nouvelle; qu'il s'habitue, comme l'industriel des cités, à compter sur l'assistance du crédit; que ses efforts, impuissants aujourd'hui, soient secondés comme ils sont stimulés, et bien vite, ainsi rassuré, il reprendra courage; l'homme intelligent reviendra à la culture et y retiendra ses enfants; les bonnes leçons fructifieront, les bons exemples seront suivis. Bientôt l'agriculteur adoptera les machines, entreprendra défrichements, plantations et cultures nouvelles, transformera son domaine, augmentera ses produits, et riche lui-même, répandra l'aisance chez ses voisins. L'ouvrier, certain d'un travail justement rétribué, sera rappelé ou tout au moins retenu au sol, au grand bien de la morale, de la tranquilité, de la paix publique.

CHAPITRE II.

De la possibilité du Crédit rural.

VI

Mais la propriété rurale est obérée d'une manière effrayante, disent les adversaires systématiques des réformes agricoles. Elle doit des sommes considérables, quinze ou vingt milliards. A peine trouve-t-elle à renouveler ses échéances, et ce n'est qu'avec beaucoup de difficultés qu'il lui est possible de payer l'intérêt de sa dette. Comment lui consentir un nouveau crédit? Sa ruine serait plus complète; et on s'est tellement habitué à croire à la misère absolue de l'agriculture, on s'est si bien persuadé qu'il lui est impossible de sortir de son état léthargique qu'on accuse la terre d'infécondité, et qu'on ne croit plus aux ressources du sol, base si solide de toute fortune.

De la solvabilité de l'Agriculture

VII

La propriété rurale doit, en effet, une somme considérable, huit milliards environ hypothécairement, presque autant chirographairement, et, il faut le reconnaître, cette dette est établie dans des conditions généralement très-onéreuses pour le débiteur. Mais ne remarque-t-on pas que les emprunts ainsi garantis par la propriété rurale sont presque toujours venus éteindre une dette qui lui était complétement étrangère; que jamais il n'a été ouvert à l'agriculture, dans son seul intérêt, pour un centime de crédit facile, spécial, utile, et qu'elle supporte la lourde charge d'une grosse dette dont elle n'a pas bénéficié. Peut-on conclure de là à l'insolvabilité de l'agriculture? Ne considérant d'ailleurs que la garantie offerte par le sol même, ne voit-on pas que cette propriété ainsi grevée de 15 à 16 milliards représente 80 milliards d'une valeur matérielle essentiellement et naturellement productive? Où le capital trouverait-il une garantie plus sérieuse? Et l'industrie agricole qui fait fructifier cette terre si riche ne pourrait, s'associant au sol, garantir un nouveau et faible crédit, alors que, distribué avec sagesse, ce secours servirait à décupler les produits du fonds, et solderait non-seulement cette dernière avance, mais constituerait encore un nouveau capital qui faciliterait l'extinction graduelle de ses vieilles dettes! Que l'on compare ces garanties à celles qu'offrent les valeurs industrielles! Les chemins de fer français doivent, à eux seuls, près de huit milliards et n'ont que leur trafic pour répondre d'une dette qui ne peut que grandir. Conteste-t-on leur solvabilité? Non, non, l'agriculture est solvable d'un crédit nouveau et utile, et ce crédit, loin de la ruiner, la sauvera d'une ruine fatale et l'enrichira. La propriété s'obère lorsqu'elle vient garantir des dettes qui lui sont étrangères; elle s'enrichit lorsque, sagement, elle contracte un emprunt pour en appliquer le produit aux développements de la fertilité du sol, car alors les résultats obtenus rendent à l'intelligent agriculteur des ressources qui dépassent de beaucoup les charges primitivement acceptées.

VIII

Des ressources de l'Agriculture

A ceux qui ne croient pas à la possibilité et à l'utilité d'un nouveau crédit, à ceux qui doutent des ressources de l'agriculture et de la fécondité du sol, il est facile de répondre par des faits évidents qui devront les convaincre.

Les statistiques relevées par le ministère de l'agriculture donnent exactement, pour chaque département de la France, la somme des récoltes de même nature produites par un hectare de terre, et le chiffre de la dépense absorbée par chaque culture; or, prenons pour terme de comparaison deux contrées l'une et l'autre fertiles, le Nord et le Lot-et-Garonne : l'agriculture du Nord consacre, par hectare, à sa culture, une dépense double de celle que lui affecte le propriétaire du Lot-et-Garonne. Mais, en revanche, lorsque un hectare du Nord donne 45, la même contenance du Lot-et-Garonne ne donne que 15 ou 16 de la même céréale. Ces résultats ne sont-ils pas éloquents? et cependant le Nord lui-même est encore bien loin de la perfection !

D'un autre côté, les campagnes sont désertes, les bras manquent, peu de machines sont encore employées pour les suppléer; l'agriculture est généralement dans un état déplorable, et cependant la production a doublé depuis 30 ans. C'est que l'agriculture s'est généralement un peu améliorée ; quelques points bien cultivés se montrent, en France, comme des oasis pour attester la puissance du travail, et donner la mesure des bienfaits qu'il est permis d'en attendre. Quelques propriétés se sont divisées ; la famille qui, à titre de fermage, cultivait autrefois très-mal un domaine entier de cinquante hectares, en a acquis une faible partie, 3 ou 4 hectares; et le travail de tous, électrisé par l'amour de la propriété, s'est concentré sur ce coin de terre qui, bien cultivé, produit aujourd'hui autant que produisait autrefois le domaine entier; le petit propriétaire de ce coin de terre est à l'aise, et retire quinze, vingt et vingt-cinq pour cent, plus même du capital qu'il a engagé.

Ces faits donnent la mesure de la puissance d'une bonne culture; ils ont cependant un côté regrettable dans l'intérêt général de l'agriculture. Il est fâcheux, en effet, de voir absorber par quelques hectares tant de travail humain, alors que, appliquée à donner aux machines le mouvement et la vie, cette force intelligente centuplerait sa puissance et fournirait une culture utile à une superficie centuple.

IX

Qu'on procure au propriétaire du grand domaine les ressources nécessaires pour le cultiver de la sorte ; mieux encore, puisqu'il est possible de mieux faire, qu'on lui donne le crédit qui lui est indispensable pour se procurer des machines, cette force puissante et merveilleuse qui supplée à la faiblesse et à l'insuffisance des bras ; qu'on lui fournisse de l'argent pour se procurer des engrais, cette puissance de fertilisation, des animaux de croît et de travail ; qu'on facilite ses travaux d'irrigation, de défrichements, de plantations, de dessèchements, dont la dépense est toujours minime, comparée aux résultats fabuleux ; et bientôt, grâce à une culture habilement appropriée à chaque nature du sol, à chaque climat, il verra s'accroître ses récoltes dans une proportion considérable. La masse des denrées en diminuera la valeur, au grand bien de la consommation ; et cependant, comme le prix de revient diminue en raison de l'augmentation de la quantité des produits d'une même superficie, l'agriculture trouvera encore dans l'abondance une large rémunération ; cette aisance lui fournira les moyens de faire honneur à ses engagements récents, et d'éteindre la vieille dette qui la ronge aujourd'hui, rendant ainsi plusieurs fois au crédit et à la fortune publique les services qu'elle en aura reçus.

X

De l'importance du crédit à faire

Et que faudrait-il pour atteindre le but désiré ? La France compte, outre les terrains boisés, une superficie de 30 ou 35,000,000 d'hectares environ de terres cultivées. En moyenne, l'agriculteur dépense à cette culture, par trop simple et primitive, de 120 à 150 francs par hectare, alors qu'un travail sérieux et intelligent, des réparations, des amendements nécessaires et fructueux demanderaient une dépense annuelle de 400 francs au moins en moyenne. 7 ou 8 milliards devraient donc être ajoutés à la dépense actuelle pour procurer les avantages annuels que nous avons énumérés et qui seraient immenses.

Ce chiffre semble énorme à première vue ; il serait, en effet, difficile, sinon impossible, de se procurer de suite 7 ou 8 milliards, mais l'agriculture serait aussi fort embarrassée si on lui imposait immédiatement ce supplément de crédit ; une bien moindre somme lui est quant à présent nécessaire ; c'est à mesure que se perfectionnera son éducation progressive qu'elle arrivera au chiffre des dépenses nécessitées par un complet développement. Il faut, on le comprend, laisser à l'exemple, aux succès obtenus, le soin de démontrer aux retardataires les avantages d'une augmentation de dépense sage et intelligente. Le crédit ne doit s'étendre qu'à mesure des besoins. Que l'agriculteur se sente appuyé, qu'il soit certain de trouver le soutien sur lequel il a droit de compter, et bien vite le progrès se fera sentir ; une faible partie de ces milliards, mise aujourd'hui par le crédit à la disposition de l'agriculture, servira de base au monument, bientôt après l'édifice s'élèvera comme par enchantement avec ses propres matériaux, et la dépense annuelle atteindra graduellement le chiffre nécessaire de plusieurs milliards, sans qu'il en ait coûté au crédit plus de quelques centaines de millions d'avances réitérées et reproduites avec le même capital.

XI

Éléments du nouveau Crédit.

Serait-il difficile de réunir les éléments de ce crédit nouveau?... L'épargne publique et annuelle ne s'élève pas à moins de deux milliards, d'après M. Péreire. Les capitaux flottants de la circulation, absolument improductifs, surtout dans les départements, atteignent le chiffre de un milliard environ. D'un autre côté, les titres divers, emprunts, actions, obligations, valeurs de toute espèce qui ne s'élèvent pas à moins de 40 milliards, donnent lieu à des remboursements continuels qui viennent à tout instant rendre disponible une partie des fonds engagés dans ces opérations. Ne trouve-t-on pas là une source abondante de capitaux?

XII

État de l'ancienne dette.

Le nouveau crédit ouvert à la propriété agricole développera sa production et lui facilitera la diminution et même l'extinction graduelle de l'ancienne dette. Cette espérance doit-elle faire oublier la situation déplorable du débiteur actuel, et ne faut-il pas s'occuper de la transformation de cette dette, dont les conditions sont aujourd'hui tellement onéreuses qu'elles suffiraient à enrayer l'élan qu'il est urgent de donner à l'agriculture, et absorberaient les épargnes que pourra procurer le nouveau crédit?

La propriété rurale est à ce point misérable, dit-on, qu'elle se trouve dans l'impossibilité de payer annuellement ses charges. C'est presque exact.

Ce n'est pas, en effet, ce petit propriétaire que nous citions tout à l'heure avec bonheur, qui est gêné, lui! Acquéreur à bon marché du petit coin de terre qu'il cultive, il lui consacre le travail de toute sa famille, travail pour lequel il ne débourse rien, et le sol, qui donne toujours ce qu'on sait bien lui demander, paie à ce cultivateur 20, 25 pour cent et même plus du capital qu'il a engagé; cultivant aussi bien que le peuvent les bras humains, il est riche; économe de longue date, il n'a pas de précédents fâcheux, et peut ainsi facilement payer l'intérêt de sa dette qui diminue tous les ans. Ce n'est pas non plus le gros propriétaire; la masse des petits revenus de ses nombreuses fermes totalise pour lui une somme de ressources qui lui donnent l'aisance; le crédit facile lui manquant, il se contente des 2 pour cent que lui produit sa mauvaise culture, et renonce à un surcroît de fortune : ce qui est obéré, c'est la moyenne propriété, c'est l'agriculteur qui n'ayant pour toute fortune que son domaine déjà grevé de charges, et ne pouvant, faute de bras, faute de ressources, le cultiver ou le faire cultiver utilement, est réduit à des revenus insuffisants, et se voit contraint ou à déserter les champs pour aller développer dans l'industrie son intelligence laborieuse, ou à se laisser absorber par un passif qui doit, nécessairement, l'entraîner à la ruine.

Car les conditions de ce passif sont désastreuses pour le propriétaire. Doit-il, par hypothèque, à un rentier obligeant de la ville prochaine? ce rentier ne fera pas de l'usure, son capital sera prêté à des conditions très-modérées pour lui, puisqu'il recevra 4, 4 ½ et 5 p. % de son capital, et cependant le débiteur sera écrasé, car à cet intérêt viennent s'ajouter les frais d'enregistrement, de timbre, d'hypothèque, les commissions et courtages, honoraires d'actes, et tout cela renouvelé tous les quatre ans en moyenne.

Emprunte-t-il chirographairement ? comme les intérêts payés sont toujours en rapport avec les garanties offertes au capital, les intérêts et commissions atteignent pour lui le même chiffre de dépense. Ira-t-il demander de l'argent à une Compagnie de crédit ? elle lui consentira un prêt à des conditions tout aussi fâcheuses, tout aussi difficiles à remplir.

Est-il, dès lors, surprenant de voir déserter les champs, et la continuation d'un tel état de choses n'entraînera-t-elle pas la ruine complète de cette agriculture déjà si malade ? Une transformation prompte et complète est donc indispensable : il faut à l'agriculture un crédit sage, utile, bienfaisant.

XIII

Éléments de transformation de l'ancienne dette.

Pour les nouveaux secours à donner il était utile de chercher des éléments nouveaux ; pour la transformation de la dette actuelle, cette nécessité ne se présente plus : Le même capital viendra dans la combinaison nouvelle renouveler la même dette, et si une partie des fonds qui y sont engagés, attirés par les gros intérêts des valeurs commerciales vient à faire un vide, les catastrophes effrayantes qui ont pendant ces dernières années englouti tant de fortunes et réduit à la misère tant de familles trop ambitieuses, assurent que la place sera vite disputée, et que bien des capitaux, timides ou blessés dans l'industrie, viendront demander à la propriété foncière un placement mieux assuré le jour où ce placement sera facilité par un nouveau système.

XIV

De la possibilité pour l'Agriculture de payer un intérêt suffisant.

Par sa nature, le crédit à faire à la propriété agricole diffère essentiellement des opérations urbaines et commerciales : l'exactitude dans les paiements, les gros intérêts, les renouvellements multipliés et fructueux caractérisent les opérations industrielles ; l'agriculture, au contraire, pauvre en ce moment, est plus timide, plus économe, moins exacte et ne peut traiter qu'à de plus longues échéances ; si l'on ajoute à toutes ces causes la centralisation des intérêts industriels, la dispersion des intérêts agricoles, on comprendra facilement la préférence absorbante pour les opérations de la première catégorie, des institutions de crédit qui n'ont pas été créées uniquement dans un but agricole. Les prêts industriels et commerciaux se traitent dans le cabinet, sans déplacement, sans ennuis, et donnent de magnifiques résultats ; pourquoi iraient-elles chercher à grand'peine des bénéfices moins rapides et plus difficiles dans les opérations agricoles ?

Faut-il conclure de là que les opérations rurales ne présentent aucun avantage, que l'agriculture doit être abandonnée à son propre sort, qu'il est impossible de la relever de son état d'abaissement, et que les services qui lui seraient rendus ne pourraient être rémunérés ? Ce serait une bien grande erreur. La terre, on l'a vu, renferme des ressources qui ne demandent qu'à être développées ; qu'on aide l'agriculteur, et bientôt l'aisance reviendra chez lui ; et avec l'aisance, l'exactitude dans les paiements et la possibilité de payer au capital qui l'aura servi une rétribution honnête et suffisante.

La plupart des économistes, qui traitent des questions agricoles sont dans une étrange erreur lorsqu'ils pensent que l'agriculture sera toujours écrasée par le prix de l'argent, et qu'on ne peut la relever qu'en abaissant à un prix impossible le taux de l'intérêt; l'agriculture ne produit que 2 pour cent disent-ils, comment paierait-elle 5 pour cent au capital qu'elle emploie ? et leur esprit se perd à chercher le moyen chimérique d'arriver à cette réduction. L'agriculture ne sera prospère, c'est évident, que lorsque la valeur de ses produits dépassera ou égalisera, tout au moins, le prix du numéraire; mais ce capital a une valeur acquise, il est juste qu'il obtienne une rémunération proportionnée au service qu'il rend, et 5 pour cent est un prix très-acceptable pour l'agriculture. Ce qu'il faut rechercher pour être dans le vrai, ce n'est pas l'abaissement du prix de l'argent à 2 pour cent, c'est l'accroissement de la production du sol.

La terre, par sa puissance de production indépendante du travail, a une valeur intrinsèque et c'est le capital représentant cette valeur qui obtient par ses produits ordinaires environ 2 pour cent. Qu'une culture intelligente développe la fécondité de ce même sol, les produits en seront quintuplés, et de 2 l'intérêt du capital s'élèvera à 8 ou 10, car la valeur du fonds ne sera pas sensiblement modifiée, puisque cet accroissement de produits ne sera dû qu'à l'industrie actuelle de l'agriculteur.

Mieux cultiver le sol, obtenir de la terre tout ce qu'elle peut produire, élever enfin l'agriculture au niveau des autres industries françaises, tel est le plus sûr moyen de rendre plus normal et moins sensible et le loyer de l'argent et les autres charges de toute nature qui grèvent et doivent nécessairement grever la fortune territoriale.

Un crédit bien réglé peut seul donner ce résultat.

A l'œuvre donc! du crédit, encore du crédit et toujours du crédit, tel est le meilleur remède à apporter à l'agriculture, tel est le rouage inactif qui, dans la machine complète créée par l'Empereur, a manqué à son fonctionnement, neutralisant ainsi l'organisation tout entière.

XV

Mais à qui demander ce crédit ?

Ce n'est pas évidemment au rentier : placements hypothécaires comme placements chirographaires directs présentent et présenteront toujours trop d'embarras, nécessiteront trop d'ennuyeuses formalités pour qu'un voisin puisse le consentir directement à son voisin. Le capital constitue la fortune du rentier ; ses intérêts lui sont utiles à jour fixe, il doit pouvoir se reposer sur une exactitude rigoureuse qu'il ne peut espérer d'un tel débiteur ; des poursuites deviendront quelquefois inévitables, et par suite des lenteurs, de la gêne et souvent des inquiétudes. D'un autre côté, ses prêts ne peuvent être consentis que pour une durée relativement courte, de là de grands frais de renouvellement pour le débiteur ; la nature même des rapports intimes, si appréciables en toute autre occasion, qui unissent les habitants d'une même contrée, interdisent enfin entre eux des questions trop fréquentes d'intérêt pécuniaire, l'affaire ou l'amitié en souffrirait nécessairement. Telles sont les principales causes qui font donner la préférence par le capitaliste de province aux valeurs de Bourse qu'il redoute pourtant.

L'agriculteur s'adressera-t-il aux banquiers ? Les opérations commerciales donnent aux capitaux un intérêt si élevé que dans aucun cas le propriétaire ne pourrait le supporter.

Et, on l'a vu, les conditions imposées par les Compagnies actuelles de crédit, très-acceptables, avantageuses même pour les propriétaires urbains, seraient aussi ruineuses pour le propriétaire rural.

XVI

Une Compagnie nouvelle, forte et puissante, organisée sur des bases paternelles spécialement pour venir en aide à l'agriculture et qui ne puisse, sous aucun prétexte, se détourner de sa ligne directe, une Compagnie qui présente autant de sécurité au capitaliste que de facilité au débiteur, joignant la prudence, dans ses opérations, à une fermeté suffisante, peut seule rendre au pays l'immense service qu'il attend. Sa tâche sera laborieuse, ses premiers pas seront lents et difficiles, mais aidée par de bienveillantes sympathies, elle atteindra certainement son but, car une idée juste, servie par une volonté ferme, loyale et opiniâtre finit toujours par triompher.

CHAPITRE III.

De la législation au point de vue du crédit agricole.

VII

Des économistes distingués demandent avec raison une réforme dans la législation, et prétendent que sous l'empire de nos codes il est impossible d'ouvrir à l'agriculture un crédit suffisant. Qu'une révision soit désirable : c'est évident.—Nous ne traiterons pas ici d'autre sujet, mais ce n'est pas même seulement sur les questions de crédit que les amis de l'agriculture doivent poursuivre une révision. — Le crédit est impossible dit-on !... Cette expression est, à notre avis, trop absolue. Que l'application soit plus difficile, que les opérations chirographaires exigent plus de prudence, plus de sagesse, plus de soins sous la législation actuelle, c'est exact; mais se retrancher derrière une impossibilité prétendue c'est de l'exagération.

XVIII

Le crédit à faire à la propriété rurale est de deux natures : les prêts à longues échéances, les prêts à courtes échéances. Le prêt à long terme doit se substituer à l'ancienne dette établie dans des conditions trop onéreuses ; à long terme encore doivent être prêtés au propriétaire les fonds qui lui sont nécessaires pour ses grosses réparations, telles que constructions, défrichements, plantations, achat de matériel d'animaux de culture, exécution enfin de grands travaux qui ne doivent porter leurs fruits qu'après un certain nombre d'années. Ces prêts sont, pour la sécurité des uns et des autres, généralement garantis par hypothèque. Que désirer de plus sage à ce sujet que les lois foncières de 1852, si ce n'est de voir une puissante volonté dicter une disposition nouvelle qui accorde une faveur aux opérations agricoles et diminue les droits considérables qu'elle paie actuellement au fisc pour ses actes d'emprunt et de libération?

XIX

Les prêts à courte échéance, au contraire, sont applicables aux opérations dont les bénéfices doivent être réalisés dans un assez bref délai, telles que : acquisitions d'engrais, de bestiaux de croît, frais de culture ordinaire; ces prêts sont généralement remboursables dans le courant de l'année, à l'époque de la récolte à venir.

C'est ici que pêche la législation : si facile pour le commerce, elle lie et entrave l'industrie agricole. Une révision est donc utile.

Qu'une loi permette à l'agriculteur d'affecter, à la garantie du prêt qui lui sera fait, ses coupes de bois, ses récoltes prochaines, pendantes par racines ou engrangées, son cheptel, son matériel, tout ce qui constitue enfin son actif mobilier; que les formalités d'exécution soient simplifiées, ce sera évidemment faciliter le crédit, ce sera rendre un grand service. Le capitaliste prêtera à l'agriculteur, avec beaucoup plus de facilité, les fonds nécessaires à la culture, à l'achat d'engrais ou de semences, lorsqu'il aura la certitude d'être préféré à tout autre sur la valeur des récoltes produites par son capital, mais encore, n'aura-t-il pas de précautions à prendre?

Quand il s'agit de crédit, comme d'ailleurs en toute affaire la question d'individualité doit être étudiée avec un soin extrême; le crédit repose presque autant sur la garantie morale de la personne qui emprunte, que sur la garantie matérielle qu'elle offre, ce n'est pas seulement au gage, c'est aussi à l'individu qu'est ouvert le crédit, les opérations commerciales en sont une preuve évidente et aucune loi ne pourra changer cette situation.

Considérons comme acquises les lois qui sont demandées.

Un individu voudra emprunter et viendra offrir en garantie, à son prêteur, des animaux qu'il conservera dans son écurie, une récolte qu'il gardera dans son grenier : le prêteur acceptera-t-il ce gage sans examen de la moralité et de l'exactitude de cet emprunteur? La garantie mobilière ainsi laissée à la garde de cet inconnu satisfera-t-elle l'exigence du créancier, et lui laissera-t-elle une sécurité parfaite? Non, non, car l'affectation légale n'empêchera pas, de fait, les objets affectés de conserver leur nature mobilière, et purement mobilière, cette aliénation ne pourra pas, matériellement, empêcher le débiteur de mauvaise foi de détourner ce gage, de le vendre, d'en dissiper le prix. La loi viendra le punir dira-t-on ; mais la perte sera-t-elle moins grande pour le créancier? En agriculture comme dans le commerce, il faut le répéter, c'est sur la moralité de l'emprunteur que repose principalement le crédit, surtout le crédit à courte échéance.

Mais qu'on ne s'exagère pas les difficultés de l'appréciation ; bien plus qu'à la ville il est facile aux champs de connaître la moralité et la solvabilité du premier venu, et ainsi, le degré de confiance qui peut lui être accordé. Le laboureur travaille en plein soleil, sa vie est transparente, le voisin connaît le moindre repli des affaires et de la vie de son voisin ; une réputation saine et juste est vite faite sur le compte de chaque habitant d'une même commune. Les populations agricoles sont en général laborieuses, économes, essentiellement honnêtes. Les engagements pris par elles sont fidèlement tenus, et chez la plus grande partie des propriétaires ruraux, la nature est assez loyale pour qu'une consignation ou affectation mobilière, même sous la loi actuelle, soit aussi bien sauvegardée par un engagement moral que par des lois pénales.

XX

La consignation réelle peut, d'un autre côté, se pratiquer utilement, et la création de magasins ou entrepôts dans les centres, marchés agricoles, où doivent quand même aboutir les denrées, peut rendre de grands services.

A le seule condition d'être prudent, le crédit peut donc dès aujourd'hui fonctionner.

XXI

Traiter les questions agricoles au seul point de vue du crédit, prouver la nécessité d'une Compagnie créée spécialement et uniquement pour venir en aide à la propriété rurale, tel est le but que se propose cette brochure.

De notre silence sur tout autre moyen d'amélioration, il ne faudrait cependant pas conclure que, dans notre pensée, le crédit peut, à lui seul, suffire à réparer le mal qui existe. Nous l'avons dit au début, le crédit est l'un des rouages d'une merveilleuse machine, c'est une partie importante d'un tout qui doit être complet pour bien fonctionner, et, de même que l'absence de crédit a, jusqu'à ce jour, empêché l'agriculture d'user utilement des encouragements qu'on a voulu lui donner, de même aussi le crédit serait impuissant s'il n'était soutenu par des mesures salutaires.

D'autres plumes plus autorisées prendront le soin de prouver la nécessité de l'adjonction à chaque école communale d'une Ferme-modèle qui donne à profusion et gratuitement aux enfants comme aux adultes, avec une instruction élémentaire, une éducation agricole théorique et pratique aussi complète que possible. A d'autres le soin d'indiquer les moyens de dégrever un peu la propriété qui produit aujourd'hui le moins et avec le plus de peine, d'assurer des prix rémunérateurs aux denrées, de maintenir enfin l'équilibre entre la valeur des produits du sol et de ceux de l'industrie. A des économistes, à des moralistes plus expérimentés, le soin de constater que la population de la France, maintenue jusqu'à ce jour à son chiffre ordinaire par les mariages devenus plus précoces depuis trente années, sera fatalement amenée par la réduction au fils unique, réduction qui, de plus en plus séduit les familles, à une diminution considérable ; à eux le devoir impérieux d'indiquer les moyens d'enrayer la marche fatale de la dépopulation ; à eux de prouver la nécessité d'encourager les familles nombreuses que les exigences de notre siècle et les difficultés des partages tendent à faire disparaître, de récompenser le père qui sait conserver le plus grand nombre de ses enfants aux travaux des champs; à d'autres enfin de réunir le faisceau des secours qu'il convient de donner à cette branche intéressante et trop délaissée de la fortune publique, à cette agriculture que le grand Sully appelait, à si juste titre, la plus féconde mamelle de l'humanité.

CHAPITRE IV.

De la création du Crédit rural de France.

XXII

Le crédit rural n'existe pas, il faut le créer. Nous avons entrepris cette œuvre et nous la continuerons avec l'énergie qu'inspire une grande cause.

Il y a quelques mois déjà, se constituait avec l'intention de prendre un plus grand essor, la Société du crédit rural de France, dont la transformation en Compagnie anonyme se poursuit aujourd'hui. Par le système de ses opérations, par le cadre restreint de ses statuts, par son organisation spéciale, enfin, cette Compagnie doit nécessairement répondre aux besoins que nous venons de signaler.

XXIII

Le capital de la Compagnie sera porté à soixante millions de francs. Les opérations doivent se traiter avec les capitaux que le public destine à des placements hypothécaires, de sorte que le fonds social n'est qu'un fonds de garantie qui doit servir transitoirement à faire aux rentiers des avances de principal ou d'intérêts en attendant le paiement prochain qu'en font les débiteurs.

XXIV

Le siége de la Compagnie est établi à Paris; et de même que, pour être utile au commerce, la Banque de France a dû créer des établissements dans les centres industriels, de même aussi, pour servir utilement l'agriculture, le crédit rural doit établir dans les centres agricoles des succursales d'autant plus nombreuses que les besoins du pays seront plus grands : l'habitant des campagnes est, en effet, timide, prudent, peu habitué aux affaires, il ne se confie qu'avec difficulté et ne traite d'affaires qu'avec les gens qu'il connaît très-bien ; il se passera du crédit plutôt que d'aller le chercher au loin ; la Compagnie doit donc lui porter ses services.

XXV

L'administration générale doit être une, car c'est elle qui donnera la vie à ce corps puissant dont les bras seront étendus sur toute la province. Son siége naturel est Paris, centre de la fortune et rendez-vous de toutes les grandes affaires.

Un conseil, choix d'hommes honorables et habiles, sénateurs, députés, jurisconsultes, banquiers, propriétaires, administrera la Compagnie, discutera et approuvera les opérations traitées en son nom.

XXVI

Les succursales dépendront absolument de l'administration centrale, elles seront gérées par un directeur qui doit remplir des conditions rigoureuses de probité et d'intelligence et inspirer aux emprunteurs comme aux capitalistes une confiance absolue. La mission des directeurs consiste à éclairer la Compagnie sur la convenance des affaires qui lui seront proposées, sur la valeur des garanties offertes, sur la moralité des individus. Pour éviter des lenteurs et des pertes de temps regrettables, il doit leur être laissé libre initiative pour certaines opérations de peu d'importance dont les limites leur sont d'ailleurs tracées.

Ces fonctionnaires seront assistés et aidés dans toutes leurs opérations du concours précieux de conseillers choisis par l'administration dans les diverses parties de chaque circonscription, parmi les propriétaires les plus estimés et les plus intelligents; les avis de ces conseillers peuvent avoir une grande importance et devront être pour la Compagnie une précieuse sauvegarde.

Les notaires, qui, tous indistinctement, sont les intermédiaires de la Compagnie, seront aussi pour elle d'excellents auxiliaires. Le crédit rural, loin de leur enlever les capitaux qui leur restent encore et qui, autrefois abondants, faisaient la fortune de leurs études, les y retiendra, les y ramènera au contraire : en échange d'un crédit toujours ouvert à leurs clients, par leur intermédiaire, ces fonctionnaires donneront à la Compagnie des renseignements sûrs et loyaux, puisés dans leur profonde connaissance des hommes, des fortunes et des propriétés de leur canton.

Des inspecteurs généraux parcourront constamment la France et vérifieront sur place la régularité des opérations traitées.

L'administration générale de la Compagnie sera enfin soumise à un rigoureux contrôle.

XXVII

Le propriétaire qui doit pour une dette ancienne, et, comme lui, l'agriculteur qui emprunte pour faire une réparation importante à son domaine, ne peuvent sûrement compter sur une ressource à jour fixe et, par suite, s'obliger à rembourser, à époque déterminée et par annuités égales, le capital de l'emprunt qu'ils ont contracté. L'agriculteur compte-t-il, en effet, sur les produits ordinaires ? Que d'événements peuvent tromper ses espérances : une grêle, une gelée détruisent ses récoltes et il est forcé de manquer à ses engagements. Attend-il, au contraire, les produits d'une réparation extraordinaire? ces produits peuvent se faire attendre durant plusieurs années pendant lesquelles, au lieu de recueillir, il sera obligé à un surcroît de dépenses. Comment encore paiera-t-il ses annuités? Il lui faut donc des facilités plus amples, plus généreuses.

Le crédit rural de France consent à l'agriculture des prêts hypothécaires, en espèces, à longues échéances cinq, dix, vingt ans, etc., laissant au débiteur la faculté de se libérer par fractions et par à-comptes, suivant l'importance de ses ressources. Une mauvaise année viendra-t-elle le frapper, il ne paiera que son intérêt et remboursera, s'il le peut, une plus forte partie de sa dette l'année suivante, grâce aux ressources que lui procureront soit une année d'abondance, soit les effets de la réparation qu'il aura précédemment faite à son immeuble. S'il y tient d'ailleurs, la Compagnie acceptera aussi le remboursement de la dette par annuités fixes, comprenant intérêt et amortissement. Mais dans l'un comme dans l'autre cas, il ne paiera que l'intérêt de la dette dont il demeurera chargé, déduction faite des à-comptes et des annuités soldés sur le capital, en sorte que chaque année verra diminuer les charges jusqu'au jour où, le capital étant libéré, il ne paiera plus rien.

Tel est le seul moyen d'éteindre la dette.

Dans le cas où, trompé par une fausse espérance, le débiteur eût demandé un délai trop court, il lui sera facile de renouveler son emprunt pour un plus long terme encore, sans nouveaux frais d'aucune sorte, grâce au système de contrat adopté par la Compagnie.

XXVIII

Le crédit rural consent aussi à l'agriculteur des prêts à courte échéance dont l'époque de remboursement ne dépassera jamais l'année. Le montant de ces emprunts s'applique à l'acquisition d'engrais, à l'achat d'animaux, de cheptel, de matériel de ferme, de semences, au salaire d'ouvriers, etc., etc. Ce sont des avances qui doivent généralement être remboursées avec le produit de la prochaine récolte du domaine,

En attendant une loi qui donne au prêteur un droit de préférence sur la valeur des objets ou récoltes restés dans les mains du débiteur, quelques précautions de plus seront nécessaires, mais des signatures choisies et discutées avec soin pourront utilement garantir les prêts de cette nature.

XXIX

Chaque contrée agricole a son marché où doivent nécessairement aboutir les denrées livrées au commerce. Une Société distincte établira des magasins à côté des succursales du crédit rural et recevra ces récoltes en dépôt ; les propriétaires pourront emprunter sur ce gage et attendre ainsi un prix plus rémunérateur pour la vente de leurs récoltes, sans être livrés à la merci des commerçants qui exploitent leurs pressants besoins. Ce mode de prêt ne peut naturellement convenir qu'à un certain nombre de propriétaires, mais encore peut-il rendre de vrais services.

XXX

Enfin toute entreprise dont le but sera purement agricole, Compagnies d'irrigations, Sociétés de défrichements, etc., trouveront dans le crédit rural protection et secours.

XXXI

Procurer à l'agriculteur les ressources qui lui sont nécessaires pour faire fructifier son champ et le couvrir d'abondantes moissons ne lui rendrait pas un service complet. D'un autre côté, obtenir une garantie, pour un prêt quelconque sur des richesses si exposées, ne pourrait suffire à une Compagnie de crédit sage et prévoyante.

Que d'éventualités menacent, en effet, ces récoltes péniblement obtenues : une grêle, une inondation, un incendie viennent en quelques heures détruire les espérances du malheureux agriculteur, anéantir toutes ses ressources de l'année, et détruire ou le gage lui-même ou le produit du gage sur lequel la Compagnie avait appuyé son prêt.

Pour que le crédit rural puisse ouvrir sa caisse avec une entière confiance, pour que l'agriculteur puisse bénéficier utilement des ressources du crédit et se livrer avec assurance aux dépenses nécessitées par une culture intelligente et progressive, pour qu'il travaille enfin avec courage et force, il faut que dans la moisson prochaine ils soient assurés de trouver, sans craindre les éléments ennemis, l'un le remboursement de ses avances, l'autre le prix de ses pénibles labeurs. La force seule de l'association peut donner cette certitude aux uns comme aux autres.

Sous le patronnage des fondateurs du crédit rural se crée actuellement la *Sécurité rurale*, Compagnie qui viendra assurer le propriétaire contre tous les risques de grêle, d'incendie, de mortalité, contre les fléaux enfin qui menaçent sa fortune.

Cette Compagnie, étant tout-à-fait distincte du crédit rural, et ses bienfaits devant s'étendre à tous les propriétaires indistinctement, nous n'entrerons pas à son sujet dans de plus grands développements ; nous nous bornerons à dire que le crédit rural aura le soin d'engager, d'obliger quelquefois ses emprunteurs à faire assurer les récoltes ou les immeubles qu'ils auront donnés en gage, sauvegardant ainsi la fortune du débiteur et s'assurant la conservation de son gage et le paiement exact du capital et des intérêts de sa créance.

XXXII

Faciliter les prêts, favoriser les emprunteurs, ne résume pas tous les devoirs qui incombent à la Compagnie : attirer les capitaux que ces prêts devront absorber est chose non moins nécessaire.

Les mauvaises valeurs, actions et obligations, qui depuis quelques années sont, de toutes parts, venues encombrer la place pour y laisser le désarroi et la ruine, ont rendu le capital méfiant et difficile. Le public, avec raison, aime aujourd'hui à se rendre compte par lui-même de l'opération dans laquelle il place ses fonds. Il tient à savoir la cause de la dette que l'on contracte envers lui ; il veut connaître l'origine du titre qu'on lui offre et la nature de la garantie sur laquelle il s'appuie.

Ce rentier autrefois si facile discute maintenant les valeurs publiques et se méfie de ces feuilles revêtues du titre pompeux d'obligations hypothécaires, qui n'ont d'hypothécaire que le nom, garanties seulement qu'elles sont par l'actif d'une entreprise dont le créancier n'a même pas la possibilité de vérifier les opérations. Le public veut comprendre la valeur matérielle de son titre, et les capitalistes sérieux ne se laissent pas ébouir par les gros intérêts. En effet, les plus atteints par les catastrophes récentes, ceux qui se sont le plus laissés entraîner à la ruine, sont principalement les malheureux petits rentiers poursuivant, sans réflexion, un accroissement de revenus.

XXXIII

Le crédit rural offre toute satisfaction : pour une somme égale au montant de chacun des prêts qu'elle consent, la Compagnie crée des obligations ou lettres de gage dont elle sert elle-même l'intérêt dont elle rembourse le capital. Ces titres ne sont pas seulement la représentation, mais un démembrement de la créance elle-même au sujet de laquelle ils ont été créés. Chaque lettre de gage est garantie d'abord par l'actif général de la Société, et plus particulièrement par l'hypothèque inscrite au profit de ce titre lui-même sur les immeubles ruraux de l'un des débiteurs de la Compagnie ; si bien que chaque obligation ou lettre de gage porte en elle-même sa raison d'être, sa justification et sa garantie spéciale.

Le capitaliste peut étudier à loisir le titre qui lui est offert et apprécier le gage qui lui sert de garantie : il ne livrera ses fonds qu'avec une sécurité parfaite, sans préoccupation d'aucune sorte, car outre la garantie générale de la Compagnie, il profite encore d'une garantie spéciale que nul autre ne partage avec lui sur l'un des débiteurs de la Compagnie : en sorte que ce rentier profite réellement de toutes les garanties matérielles, de tous les avantages qu'offrent les placements hypothécaires sur particuliers, sans redouter aucun des désagréments qu'ils peuvent occasionner.

Les titres nominatifs, émis par la Compagnie, sont de 500 francs, 1,000 francs, 5,000 francs et 10,000 francs. Les titres au porteur peuvent être divisés en coupures de 100 francs. Ils sont tous transférables sans frais ni formalités. Ces titres sont à échéances diverses, correspondant aux prêts de 1 à 30, 40 ans, en sorte que le capitaliste peut placer ses capitaux, même à très-courte échéance, sur obligations hypothécaires. Dans tous les cas, la Compagnie sert d'intermédiaire pour le replacement de ces titres, s'il est utile, avant leur échéance.

L'intérêt servi par la Compagnie sera toujours rémunérateur 4 ½ ou 5 p. cent ; il sera payable comme le capital pour les titres au porteur à Paris et dans toutes les succursales de France; pour les titres nominatifs, soit au siége social, soit dans une succursale choisie par le rentier.

XXXIV

Emission de titres à court terme.

On l'a vu dans la première partie de cette brochure, une somme assez considérable de numéraire flottant, un milliard environ, reste improductif, dans les départements surtout, faute d'un placement qui en permette la disposition immédiate. Il n'est pas de rentier, pas de propriétaire, qui ne laisse dormir dans sa caisse, pendant un délai quelquefois long, une somme souvent importante qui lui sera prochainement utile, soit pour les dépenses de son exploitation, soit pour l'achat d'animaux, de matériel, pour le paiement de ses ouvriers, etc., etc. Ce capital dort et reste improductif, portant un préjudice sensible à son possesseur. Le crédit rural recueillera ce capital par l'émission de billets nominatifs ou au porteur, payables dans ses bureaux, et produisant un intérêt calculé jour par jour. Ces billets émis en représentation de prêts agricoles faits par la Compagnie, correspondront aux mêmes échéances; une table placée au dos du titre indiquera sa valeur de chaque jour; en sorte qu'il pourra bientôt remplacer dans les transactions le numéraire improductif. L'agriculteur timide, mais économe, appréciera bien vite ce titre qui, tous les jours, fructifiera en ses mains, et il l'acceptera avec d'autant plus de confiance qu'il connaîtra mieux la Compagnie, le plus souvent sa créancière, qui l'aura émis, et qu'il sera certain d'en obtenir le remboursement ou le placement à bénéfice, soit dans les transactions, soit dans la succursale de la ville prochaine.

XXXV

Les sécurités et les facilités offertes aux capitalistes assurent à la Compagnie un concours important de capitaux. Une source abondante lui est déjà acquise à 4 ½ p. cent pour les placements à longs termes. Les capitaux de l'épargne seront heureux, d'un autre côté, d'obtenir 3 p. cent; en sorte que la Compagnie pourra consentir ses prêts à 5 p. cent environ, trouvant encore une large rémunération dans cette différence d'intérêts.

XXXVI

Chaque succursale puisera d'abord chez les capitalites de sa circonscription une partie des fonds nécessaires à ses opérations; de plus, il s'établira entre Paris et les départements un courant qui maintiendra l'équilibre entre les diverses contrées de la France, ira porter des fonds là où le capital manquera, des titres là où le capital sera surabondant.

XXXVII

Dans des assemblées générales, auxquelles auront droit d'assister même les porteurs d'obligations, seront discutés les intérêts généraux de l'agriculture et les mesures que la Société pourrait encore prendre pour lui venir en aide.

Telle est l'analyse succincte des opérations du crédit rural de France; la rigueur de ses statuts est un gage certain qu'il ne faillira jamais à la mission protectrice qu'il s'est imposée.

www.ingramcontent.com/pod-product-compliance
Ingram Content Group UK Ltd.
Pitfield, Milton Keynes, MK11 3LW, UK
UKHW022008260726
13994UKWH00004B/1981

9 782019 915438